MINES DE TKHIBOULI

(GÉORGIE — CAUCASE)

Rapport de l'Ingénieur des Mines

PAR

M. A. PERNOLET

Ingénieur civil des Mines, ancien élève de l'École des Mines
de Paris

PARIS

F. PICHON, LIBRAIRE-ÉDITEUR

14, RUE CUJAS, 14

1874

inconnu chez Pichon

Il n'y a que l'auteur

qui sache où a été

imprimée cette carte

= R. C. de la Béd

No 39335 =

HOUILLÈRES DE TKHIBOULI

V

HOUILLÈRES DE TKHIBOULI

(GÉORGIE — CAUCASE)

Rapport de l'Ingénieur des Mines

PAR

M. A. PERNOLET

Ingénieur civil des Mines, ancien élève de l'École des Mines
de Paris

PARIS

F. PICHON, LIBRAIRE-ÉDITEUR

14, RUE CUJAS, 14

1874

HOUILLÈRES DE TKHIBOULI

LE GISEMENT

Situation. — Affleurement. — Puissance en charbon. — Importance du gisement.

SITUATION

Les mines de *Tkhibouli* se trouvent au pied d'une immense falaise demi-circulaire qui forme l'extrémité supérieure d'une étroite vallée au fond de laquelle coule la rivière *Tkhiboula*.

Cette rivière qu'alimentent cinq à six ruisseaux coulant dans autant de ravins convergeant vers le village de *Tkhibouli*, arrose un bassin complétement fermé d'où elle ne s'échappe que par une espèce de tunnel naturel. débouchant dans le bassin de la *Kwirila*, affluent principal du *Rioni*, le fleuve le plus important de la Géorgie sur le versant de la mer Noire, au sud-ouest du Caucase, d'où il sort (1).

(1) Voir la carte de Caucase et de la mer Noire jointe au rapport ainsi que la carte du bassin d'Okriba, également jointe au rapport.

LATITUDE ET LONGITUDE

Le point précis où le ruisseau qui traverse la formation carbonifère, l'a mise à nu, se trouve, si l'on s'en rapporte à la carte de l'Etat-major russe, par 60 degrés, 41 minutes 13 secondes 1/2 de longitude à l'est du méridien (Feroe), et 42° 22' 7" de latitude Nord.

DIVISION POLITIQUE COMPRENANT LE GISEMENT

Administrativement la commune de Tkhibouli, sur le territoire de laquelle est la mine, dépend d'un *chef de district* résidant à Coutaïs, équivalent de nos sous-préfets, relevant directement du *gouverneur* résidant à Coutaïs, qui lui-même dépend du *lieutenant de l'Empereur*, résidant à Tiflis, centre de toute l'administration du Caucase. Cette administration est exercée en réalité : au point de vue civil par un secrétaire d'Etat chargé du gouvernement civil du Caucase et au point de vue militaire par un général chef d'Etat-major général de l'armée du Caucase (1).

(1) Pour donner plus de poids aux différents renseignements contenus dans ce rapport, il n'est pas inutile de dire qu'à l'exception du lieutenant de l'empereur (le grand-duc Michel), nous avons vu plusieurs fois ces différents personnages (le gouverneur de Coutaïs, le général comte Lévachoff, le gouverneur civil de Caucase, M. le baron de Nicolaï, le chef de l'état-major général, *prince Mirsky, etc.*), et c'est de leur bouche même que nous tenons ces renseignements.

SITUATION ETHNOGRAPHIQUE DE TKHIBOULI

Ethnographiquement parlant, ce qui a de l'importance au point de vue de la question ouvrière, le village de Tkhibouli est un village *Iméréthien*, habité par des *iméréthiens de la montagne*, gens énergiques et laborieux, à l'intelligence vive, très-ingénieux, aimant l'argent autant que nos paysans du centre, et se soumettant volontiers aux plus durs travaux pour amasser quelque pécule. Ces qualités se trouvent particulièrement développées chez les habitants du *Ratcha*, qui sont les meilleurs ouvriers de la Géorgie.

DISTANCES A LA MER NOIRE, SUIVANT LES DIFFÉRENTES VOIES QUI PERMETTENT D'Y ARRIVER

Au point de vue des distances à la mer, on voit, si l'on se reporte à la carte d'ensemble jointe au rapport, que, en suivant les routes actuellement existantes ou à créer, de terre, de fer ou d'eau, les distances de Tkhibouli à Poti sont les suivantes :

1° *Route actuelle.*

	verstes.
Tkhibouli à Coutaïs, par Satziri et Guélati (route actuelle)	33
Coutaïs (ville) à la station de Coutaïs (id.).	7
Coutaïs (station) à Poti (voie ferrée).	89
Donc la distance actuelle de Tkhibouli à Poti est de :	129

2° *Voie ferrée à construire :*

Tkhibouli à Coutaïs par Satziri et Motzamethi (distance variant suivant le trajet adopté).	30 à 40
Coutaïs (point d'arrivée du chemin de fer) à la station de Cout..ïs.	5
Coutaïs à Poti (voie ferrée existante).	89
Donc la distance, par voie ferrée à construire partiellement serait de :	121 à 128

3° *Route de Loukhouta :*

Tkhibouli à Loukhouta par la route actuelle.	20
Loukhouta à Poti (chemin de fer).	101
Donc la distance de Tkhibouli à Poti	128

4° *Voie ferrée à construire par Loukhouta :*

Tkhibouli à Loukhouta (voie ferrée à construire).	25
Loukhouta à Poti (voie ferrée actuelle).	101
Donc la distance par voie ferrée à construire partiellement.	126

5° *Voie ferrée à construire et Rioni :*

Tkhibouli à Coutaïs par voie ferrée.	30 à 40
Coutaïs à Guégouthi, point où commence la navigation sur le Rioni (voie ferrée à construire).	11
Guégouthi à Poti, par Rioni.	110
Donc la distance de Tkhibouli à Poti par eaux et chemin de fer à construire, serait de :	151 à 161 (1).

(1) Toutes ces distances seront à déterminer exactement par l'ingénieur qui a été chargé de l'étude du chemin de fer.

Par des raisons sur lesquelles je reviendrai ultérieurement, c'est la seconde route qu'il convient de
prendre. J'admettrai donc dans mes calculs la distance de 121 verstes, comme représentant la longueur
à parcourir pour aller de Tkhibouli à Poti.

L'AFFLEUREMENT

Si, partant du village de Tkhibouli, on remonte,
sur une longueur d'environ 2 kilomètres, la rivière
Nakchira-Tskali, l'une des rivières dont la réunion
forme la Tkhiboula, on arrive à un point où la rivière s'est frayé passage en creusant une tranchée
de plus de 20 mètres de profondeur.

Les deux parois de cette tranchée sont d'aspects
très-différents : tandis que sur la rive gauche la
végétation en a recouvert la plus grande partie, sur
la rive droite une muraille à pic complétement nue,
d'un brun noirâtre, à couches régulièrement stratifiées, montre la constitution géologique du terrain,
dont la coupe est donnée par la photographie jointe
au rapport telle que l'a faite la rivière.

Cette coupe naturelle de la formation houillère
montre une série de couches parfaitement régulières
de charbon, de schistes et d'argiles plus ou moins
schisteuses, comprises entre deux bancs de grès
très-épais.

Ces couches fortement relevées vers la vallée, s'enfoncent rapidement sous les escarpements du Nakhéral.

La direction générale de ces couches est de 37 degrés nord-ouest avec une pente de 35 degrés vers le nord-est.

COMPOSITION DE LA FORMATION CARBONIFÈRE

Si l'on étudie, le marteau à la main, l'ensemble de cette formation, on voit qu'elle se compose de trois groupes de couches de charbon séparées l'une de l'autre par des lits plus ou moins épais de schistes, d'argile ou de charbon sale, chaque groupe étant séparé du suivant par des bancs stériles de 1 m. 930 et de 2 m. 420 de puissance.

Le groupe supérieur est de beaucoup le plus mauvais, tant à cause de la faible proportion de charbon qu'il contient, que de la mauvaise qualité de ses charbons, qui sont sales, pyriteux et friables. De plus, la disposition relative des charbons et des schistes est telle que l'exploitation en sera extrêmement difficile et peut-être même impossible, pour quelques-unes des couches au moins.

Le groupe moyen est très-beau au contraire, formé de couches puissantes par elles-mêmes. ne contenant presque point de schistes, et devant être exploitées à la fois, ce qui offrira quelques difficultés, vu

la grande épaisseur qu'il faudra enlever d'un coup :
7 m. 510.

Le groupe inférieur est moins bon que le moyen,
mais bon encore, malgré une puissance moindre et
des bancs de schistes nombreux et minces qu'il ne
sera pas facile de séparer dans les chantiers d'exploitation.

COUPE DÉTAILLÉE DE L'AFFLEUREMENT

La coupe de l'affleurement dans laquelle j'ai
donné en détail la composition minutieusement relevée de toute la formation, la fait connaître mieux
que toute description et d'une façon bien autrement
précise, j'y renvoie donc. Cette coupe, relevée par
moi-même, donne, à quelques centimètres près, les
épaisseurs par bancs mesurées dans des excavations
régulièrement creusées perpendiculairement à l'inclinaison, comme le montre la photographie, excavations que j'ai fait faire dans l'affleurement de la
rive droite et au fond desquelles j'ai pris les échantillons.

Les colonnes de chiffres qui complètent cette
coupe sont disposées méthodiquement, de manière à
ce que, du premier coup d'œil on puisse voir :

1º L'épaisseur totale de la formation carbonifère ;

2º L'épaisseur totale de charbon brut ;

3º L'épaisseur de charbon propre ;

4º Enfin l'épaisseur exploitable.

Le tableau ainsi disposé permet à quiconque le regardera attentivement, de se faire sur la valeur du gisement une opinion personnelle bien établie.

PUISSANCE EN CHARBON

En résumé, si l'on se rapporte à la coupe précédemment donnée et à la photographie qui la complète, on voit que la puissance totale de la formation apparente étant de 40 et quelques mètres, la partie contenant du charbon exploitable, *la partie utile*, a une puissance de 27 m. 96, dont 14 m. 26 en charbon.

Sur ces 14 m. 26 de charbon, il y a environ 2 m. 07 de charbon sans valeur marchande, à cause de son impureté ou de son inconsistance, et 0 m. 77 de charbon inexploitable, à cause de la faible épaisseur des couches qui le contiennent ou de la situation dans laquelle il se trouve, compris par exemple, entre deux bancs de schistes friables, difficiles à séparer d'une couche mince.

CHARBON EXPLOITABLE

Reste donc 11 à 12 mètres (11 m. 42) de charbon exploitable et vendable. Je ne compterai que 10 mètres, pour faire la part de ce qu'il faudra séparer comme impur d'impuretés intimement mêlées ou trop chargé de pyrite.

CARACTÈRES PHYSIQUES DU CHARBON

Au premier abord, l'apparence de ces charbons vus en place, — c'est-à-dire sur une surface depuis longtemps exposée à l'air libre — est des moins flatteuses. L'aspect général est terreux, grisâtre, avec une teinte rouge, indiquant une proportion de pyrite assez abondante. De nombreuses lignes assez fortement creusées sur la face presque verticale de l'affleurement, révèlent des parties très-friables qui, évidemment, ne donneront qu'un charbon très-menu, peu marchand, par conséquent.

Heureusement cette mauvaise apparence n'est que superficielle, et si, comme je l'ai fait, on pénètre dans cette masse au moyen de galeries poussées en direction sur 1 m. 50 à 2 mètres de profondeur, on trouve un charbon parfaitement caractérisé.

La consistance, la propreté, la structure intime et l'aspect général varient considérablement d'une couche à l'autre. Ainsi, par exemple :

Dans le groupe supérieur, les couches sont sales et friables, surtout les deux premières ; les deux bancs inférieurs sont de beaucoup les meilleurs, mais malheureusement l'un d'eux semble trop mince pour être exploitable.

Dans le groupe du milieu, le banc supérieur est très-compacte, sans stratification aucune, à cassure presque conchoïde ; le second banc, qui n'est séparé du premier que par quelques centimètres de schiste, est maillé et friable ; le troisième est compacte encore presque autant que le premier ; le cinquième se divise en plaques feuilletées à facettes très-brillantes ; le sixième est écailleux et terne, à l'éclat gras ; enfin le septième est terne, à cassure ondulée et se divise en morceaux qui ne sont jamais géométriques.

Dans le groupe inférieur, où le charbon semble généralement propre, mais dont la valeur est diminuée au point de vue de l'exploitation par les nombreux lits de schiste ou d'argile qui séparent les différentes couches, l'apparence du charbon n'est pas moins variée : le premier banc a une texture fibreuse toute particulière, tandis que le second est compacte d'aspect, tout en restant friable ; le quatrième est d'un noir gras de plombagine, tandis que le sixième est écailleux et terne.

Dans chaque groupe, bon nombre de bancs sont très-tachés de pyrite.

Sur le tableau accompagnant la coupe à laquelle je renvoie, on trouvera, pour chaque banc, les caractères physiques et chimiques du charbon qu'il renferme. Je ne m'y arrête pas davantage, pour éviter d'inutiles répétitions.

LE GISEMENT.

Ce bel affleurement — que la rivière a si largement découvert au point où elle le coupe — appar-

tient à une formation carbonifère très-nettement
définie, qui se trouve à la base du terrain jurassique, dans ce que les géologues du pays appellent
le Jura brun,

ÉTAGE GÉOLOGIQUE AUQUEL IL APPARTIENT

Cette formation carbonifère repose en stratification
concordante sur le *Lias* qui est représenté dans la
vallée de la Tkhiboula par des marnes plus ou moins
calcaires, des calcaires compactes et des grès qu'on
peut voir dans le lit même de la rivière.

Elle est recouverte en stratification concordante
aussi par *le terrain jurassique* qui se compose d'une
magnifique série de bancs parfaitement réguliers de
calcaire cristallin de grain et de couleur variables,
formant la masse du Nakhéral, dont la falaise
presque à pic se dresse immédiatement au-dessus
de l'affleurement, falaise couronnée par les couches
inférieures du terrain crétacé qui constituent la
crête même du Nakhéral.

Si, partant de l'affleurement, on remonte jusqu'à
la crête, on rencontre la série suivante :

Des schistes plus ou moins argileux ;

Des grès plus ou moins consistants, passant par-
fois à des sables incohérents ;

Quelques bans schisteux ou marneux, avec trace
de charbon, le tout mêlé de couches calcaires plus

ou moins puissantes et de marnes argileuses rouges ou vertes ;

Une très-épaisse formation calcaire cristalline, dont les assises nettement stratifiées constituent la partie verticale de la falaise du Nakhéral.

Un calcaire moins compacte qui forme la crête même et qui peut appartenir déjà au terrain crétacé.

Toute cette série de terrains est régulièrement stratifiée *en stratifications continuellement concordantes*, depuis le fond de la vallée jusqu'à la crête.

La *direction* des couches reste constante sur toute cette épaisseur, de 30 à 40 degrés au Nord-Ouest.

Le *pendage* seul variant pour se rapprocher de l'horizontale à mesure que l'on s'élève.

PROLONGEMENT DU GITE SOUS LE NAKHÉRAL

Si l'on franchit la crête, on arrive à un immense plateau incliné, ayant la direction générale de la formation carbonifère et descendant en pente douce vers le nord-est. On peut inférer de là que le gîte houiller qui se trouve compris dans une formation de cette puissance et de cette régularité participe et de sa régularité et de sa continuité.

ALLURE GÉNÉRALE EN PROFONDEUR

On a donc affaire à un gîte houiller qui s'enfonce régulièrement, avec une inclinaison, tendant plutôt à diminuer qu'à croître, et cela sur une longueur me-

surée perpendiculairement à la direction d'au moins
5 kilomètres. Au-delà (voir la carte d'Okriba) le plateau présente une assez forte ride, qui, dans mon
opinion, n'est qu'un étage nouveau de la formation
crétacée, reposant sur l'assise constatée au sommet
du Nakhéral, mais qui pourrait bien être le signe
extérieur de quelque grande cassure, se prolongeant
jusqu'au gîte houiller et l'affectant peut-être jusqu'à
le supprimer. Pour éviter tout mécompte, j'admettrai que là s'arrête le gîte, malgré toutes les proba-
bilités qui semblent promettre sa continuité.

ÉTENDUE EN DIRECTION

La puissance, la nature et la situation étant ainsi
définies par ce qui précède, il faut préciser son étendue en direction.

Si, partant de l'affleurement principal, mis à nu
par la Nakchira-Tskali, on cherche à le suivre en se
dirigeant vers l'ouest, on retrouve la même formation houillère avec les mêmes caractères apparents
de puissance et de stratification régulière :

1° Dans la rivière Naokheveli, qui l'a coupée aussi
perpendiculairement, mais en l'entaillant moins profondément que la Nakchira-Tskali ;

2° Dans la rivière Tikhnari qui, elle, l'a suivie en
direction sur une longueur de quelques mètres (1).

(1) Voir la carte du bassin d'Okriba, dressée d'après les cartes de l'état-
major russe.

L'angle fait par les couches avec le méridien en ces deux points est fort différent: il est de 50 et quelques degrés au premier, et de 120 degrés au second; de telle façon que si l'on cherche à réunir par une ligne les trois affleurements, on obtient une ligne demi-circulaire. Cette ligne représente, à très peu de choses près, l'affleurement du gîte houiller, dont le développement en direction à l'ouest de l'affleurement principal est d'environ 4 kilomètres.

A l'est on retrouve quelques traces carbonifères en deux points où il a été fait autrefois des recherches qui ont abouti à la grande couche aussi, à près d'un kilomètre à l'est de l'affleurement principal.

On peut donc dire, en s'en tenant aux faits constatés, que la grande couche existe en direction sur une longueur développée de près de 5 kilomètres, et quant à la forme demi-circulaire qu'affecte sa ligne d'affleurement, elle est naturellement expliquée par la forme demi-circulaire du relèvement calicaire au pied duquel elle se trouve et dont elle fait partie intégrante, comme je l'ai montré plus haut.

PROLONGEMENT DU GÎTE A L'OUEST DU NAKHÉRAL

Que devient cette couche au-delà du cirque du Nakhéral, sous lequel elle existe indubitablement d'une manière continue, — je ne puis le dire, n'ayant retrouvé nulle part ailleurs des affleurements ;

mais si l'on tient compte de ce fait que, du Khwamli au Nakhéral (voir la carte d'Okriba) la ligne de montagne K L M N O P Q est une chaîne calcaire, jurassique , comme le cirque de Nakhéral dont elle est la suite, formant, comme lui, une immense falaise jurassique coupée à pic, d'aspect et de physionomie identiques à celles du Nakhéral, on est parfaitement fondé à croire que la grande couche qui fait partie intégrante de cette formation existe partout où on la peut suivre. Je ne serais donc pas étonné si la couche de Tkhibouli se retrouvait partout au pied de cette grande crête calcaire : j'en serais d'autant moins étonné, qu'ayant remonté la vallée du Rioni jusqu'au pied du Khwamli, j'ai retrouvé depuis le village de *Rioni* jusqu'à Khwamli, une série des terrains qui paraissent dans la vallée de la Tkhiboula, et qui sont inférieurs à la formation carbonifère. Le dessous et le dessus étant identiques, il me paraît infiniment probable que la partie intermédiaire qui se trouve cachée est la même dans cet immense cirque jurassique. — J'incline même à croire que cette formation est symétrique d'une formation moins nette, parce que la partie supérieure en est seule apparente, formation qui se trouve aux environs de Coutaïs avec un pendage inverse, comme si elle était la lèvre méridionale d'une immense cassure, dont la falaise du Khwamli-Nakhéral serait la lèvre septentrionale ; seulement cette dernière lèvre, ayant été plus relevée, montre toute la série des couches jusques et y compris la grande couche carboni-

fère, tandis que l'autre, moins relevée, ne montre
que les couches supérieures.

Le dessin suivant donne raison de l'hypothèse
précédente.

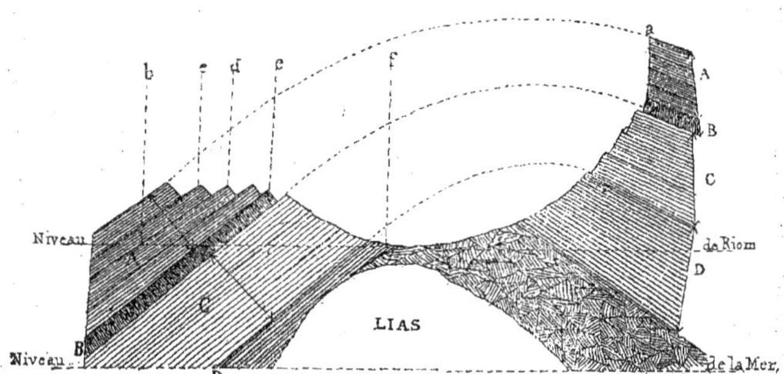

COUPE IDÉALE, DONNANT RAISON DE L'HYPOTHÈSE PRÉCÉDENTE

AA Calcaires jurassiques. — *BB* Schistes et lits charbonneux. - *CC* Formation puissante de calcaire et de grès jurassiques. — *DD* Formation carbonifère, contenant la grande couche de Tkhibouli.

a Nakhéral. — *b* Coutaïs. — *c* Motzamethi. — *d* Guélathi. — *e* Recherches autour de Coutaïs. — *f* Rioni et Zarathi.

VUE D'ENSEMBLE DU BASSIN CARBONIFÈRE.

Cette hypothèse, justifiée par l'examen des terrains rencontrés de Coutaïs au Khwamli et de Coutaïs
à Tkhibouli, paraît plus vraisemblable encore, quand
de l'une des hauteurs dominant Coutaïs on regarde
avec quelque soin tout le pays compris entre Coutaïs
et Khwamli.

Ce pays est tout coupé de vallées profondes irré-
gulièrement tracées au milieu d'un sol bouleversé en
tous sens, mais à l'horizon, au nord comme au sud,
l'ordre primitif troublé par le soulèvement qui a
rompu la continuité des couches supérieures repa-
raît·dans les stratifications parfaitement régulières
de la formation jurassique, qui, à Coutaïs, s'enfonce
au sud par immenses gradins inclinés, sur les som-
mets desquels sont les monastères de Guélathi et
Motzaméthi, et qui au Khwamli forme une falaise
calcaire taillée à pic, dont les assises très-régulières
plongent au nord. Plus à l'est, mais avec la même
physionomie, apparaît le Nakhéral qui est l'extrémité orientale du grand affleurement calcaire dont
le Khwamli est le point le plus élevé à l'ouest, affleurement au pied duquel est la formation carbonifère
paraissant à Tkhibouli.

Ces deux formations calcaires de Coutaïs et du
Khwamli-Nakhéral sont évidemment des formations contemporaines qui, continues à l'époque où
elles ont été déposées, ont été séparées en deux par
un soulèvement survenu suivant une direction faisant avec le méridien un angle de 30 à 60 degrés à
l'ouest, soulèvement qui a mis à nu, sous les lèvres
de la déchirure produite par lui, une formation carbonifère qui se retrouve au sud et au nord de la
cassure, sous le terrain jurassique auquel appartiennent les falaises du Khwamli et du Nakhéral, ainsi
que les collines de Coutaïs.

RECHERCHES FAITES AUTOUR DE COUTAÏS

Ces considérations générales ne sont pas sans importance, parce que tout autour de Coutaïs on fait des recherches de houille, qui, si elles devaient aboutir, réduiraient singulièrement la valeur du gisement de Tkhibouli.

Or, actuellement, les recherches que j'ai toutes examinées avec soin, se font dans de petites couches sans épaisseur, contenant, empâtés dans de l'argile grisâtre ou dans des schistes peu consistants, des morceaux de houille fort impure. Ces couches sont intercalées dans des bancs de schistes, de grès calcaires et de marnes qui appartiennent à la partie supérieure de la formation jurassique qu'on retrouve à Tkhibouli.

Au-dessous de cette formation carbonifère avortée est une puissante formation calcaire, que le directeur du département des mines à Tiflis appelle *étage oxfordien*, et qui, augmentée encore de nombreux bancs de grès, la sépare de la formation carbonifère à laquelle appartient Tkhibouli.

L'épaisseur des terrains interposés entre ces deux formations carbonifères est de plus de 500 mètres, et comme l'inclinaison des couches inférieures croît très-rapidement à mesure qu'on descend dans la série, il est plus probable que, même en creusant aux environs de Coutaïs un puits de 500 mètres, on n'atteindrait pas la houille.

Pour le moment donc, et selon toute probabilité pour fort longtemps encore, il n'y a d'intéressant et d'immédiatement exploitable que le gisement de Tkhibouli, qui, lui, n'a rien de problématique et dont les pages précédentes établissent nettement l'importance et la valeur. Ce gisement, et ce gisement seul, à l'heure actuelle, peut servir de base à une affaire sérieuse.

CONDITIONS GÉNÉRALES DE L'AFFAIRE

Ses bases. — Apport de Nikoladzé. — Travaux et dépenses à faire pour
mettre en valeur le gisement. — Frais d'exploitation. — Calcul du prix
de revient à la tonne.

—

BASES DE L'AFFAIRE

Ainsi donc, il est parfaitement constaté qu'il existe
à 30 ou 33 kilomètres de Coutaïs en amont du village
de Tkhibouli, à la base de terrain jurassique, au-
dessus du Lias, comprise entre deux bancs de grès
très-résistants, une formation houillère d'une qua-
rantaine de mètres de puissance, contenant au
moins *dix mètres de charbon exploitable*, que ce gisement a un développement minimum de 4 à 5 kilomètres en direction sur 5 perpendiculairement à
cette direction.

SURFACE HOUILLÈRE RECONNUE

C'est donc une *surface houillère de 20 à 25 kilomètres carrés* affleurant en plusieurs points et dont

tout l'aval pendage s'enfonce avec une pente maxima
de 35 degrés sous une formation jurassique de plusieurs centaines de mètres de puissance au-dessus
même de l'affleurement, *ce qui ne permet pas d'atta-
quer le gîte autrement qu'au voisinage de l'affleurement,* par puits et galeries établis près de l'affleurement ou par plans inclinés avec machines fixes
établis dans la formation même et suivant son inclinaison.

CE QU'EN APPORTE M. NIKOLADZÉ

De ce gisement M. Nikoladzé apporte le droit
d'exploiter *sous six cents hectares de terrain.* De ces
six cents hectares dont le tréfonds constitue l'apport de M. Nikoladzé, cent hectares pris autour de
l'affleurement sont apportés en toute propriété. De
plus M. Nikoladzé s'est assuré le droit pour l'exploi-
tant d'établir les puits et toutes leurs dépendances
en tel point des 500 autres hectares qui serait jugé
favorable à ce genre d'installation.

En résumé on voit que M. Nikoladzé apporte dès
maintenant le droit d'exploiter une fraction très-
étendue du gisement houiller défini précédemment.

La présence en quantité suffisante d'un charbon
de qualité parfaitement utilisable, si on parvient à
le produire à un prix assez bas, ayant été constatée
et étant établie par tout ce qui précède, l'affaire mé-
ritera d'être faite, si l'écart entre le prix de revient

du charbon livré aux lieux de consommation et le prix auquel il semble possible de le vendre paraît suffisant pour rémunérer le capital à engager.

Pour trancher cette grave question il faut prendre un à un tous les éléments d'une affaire de houille et montrer ce qu'ils seront dans le cas particulier des mines de Tkhibouli. Ces éléments étant fort multiples, je les examinerai dans leur ordre naturel, c'est-à-dire dans l'ordre même où ils se présenteraient le jour où, la société étant constituée, on voudrait commencer l'affaire. Ce jour-là il faudra :

1° Former tout un personnel de chefs et d'ouvriers ;

2° Aménager le gîte en vue de la production qu'on veut lui faire fournir ;

3° Créer tout l'outillage nécessaire à son exploitation : ateliers, matériel et moyens de transport ;

4° Exploiter le gîte ;

5° Transporter le charbon aux lieux de consommation.

Précisons comment on pourra réaliser chacun de ces cinq points et calculons à quel prix les conditions spéciales dans lesquelles on se trouve permettront de livrer le charbon au marché le plus voisin.

FORMATION DU PERSONNEL DIRIGEANT

Dans une affaire faite en pays éloigné, le personnel dirigeant jouera un rôle capital et jusqu'au moment où la mine sera en pleine production le succès dépendra, dans une mesure bien plus grande qu'en Europe, de l'homme qui mettra l'affaire en train.

Au-dessous de lui il faudra une espèce de secrétaire général, sachant le russe, le géorgien et le français, en même temps que le droit et la procédure russes, qui servira d'intermédiaire entre le directeur général et les gens du pays et qui devra faire tout le service du contentieux.

Dépendant de ces deux chefs on devra avoir :

Un ingénieur des mines et des chemins de fer qui mène tous les travaux et qui, le jour où l'affaire sera lancée, remplace le directeur général dont il faudra faire l'économie ;

Deux conducteurs des travaux : un pour la mine, un pour le chemin de fer :

Deux chefs ouvriers — un pour l'exploitation, un pour les ateliers ;

Quatre ouvriers de choix, destinés à devenir des chefs quand l'affaire se développera : deux mineurs, un ajusteur-mécanicien et un forgeron ;

Quatre dessinateurs-leveurs de plans, etc., qui pourront être géorgiens ;

Un agent comptable et deux commis aux écritures sous ses ordres ;

Un agent commercial-voyageur, qui devra entretenir les relations avec la clientèle.

ÉTAT DU PERSONNEL DIRIGEANT

Je résumerai comme suit tout ce personnel dirigeant en indiquant pour chaque individu la natio-
nalité et les appointements qu'il me paraît devoir
avoir :

Direction générale.

1 Directeur général français.	50,000 fr.
1 Secrétaire général géorgien.	12,000
1 Secrétaire particulier traducteur géorgien.	6,000

Direction technique.

1 Ingénieur des mines et de chemin de fer français.	15,000
2 Conducteurs des travaux français.	12,000
4 Dessinateurs — géorgiens.	10,000
2 Commis — géorgiens.	3,000
2 Chefs-ouvriers — français.	7,000
4 Ouvriers de choix — français.	10,000

Comptabilité et commerce.

1 Agent comptable français.	12,000
2 Commis géorgien.	5,000
1 Agent commercial voyageur.	6,000
Total général des appointements.	148,000

Aux appointements il faudra ajouter des frais de
déplacement, des indemnités de logement, des frais
de bureaux, etc.

ENROLEMENT DES OUVRIERS

Les ouvriers, eux, seront faciles à trouver. Le village de Tkhibouli même est un centre de population qui ne fournira qu'un nombre limité d'ouvriers et de Tkhibouli à Coutaïs les quelques hameaux épars qu'on rencontre n'en donneront guère plus. Il ne faut donc pas compter sur le district de Coutaïs, qui, bien que l'un des plus peuplés du gouvernement, n'a qu'une population agricole peu disposée à se déplacer, parce qu'elle a autour d'elle des terres relativement riches, lui appartenant le plus souvent, qu'elle cultive elle-même. Mais au-delà du Nakhéral, et séparé de Tkhibouli par quelques kilomètres seulement, est le district du Ratcha, district pauvre, dont la population active et énergique émigre volontiers partout où elle peut trouver à gagner quelque argent.

OUVRIERS DE RATCHA

Ces hommes du Ratcha qui de physionomie et de structure sont plus rudes que les autres iméréthiens, se retrouvent jusqu'à Tiflis, à plus de 200 kilomètres de chez eux, faisant les plus durs métiers, et sur les routes on en rencontre fréquemment des bandes de 10 à 15 allant vers la plaine à la recherche des tra-

vaux les plus durs. Rien donc ne sera plus facile que
d'attirer à soi ces ouvriers toujours en quête de travail, et cela d'autant plus que sur le plateau de Nakhéral, fort près de la mine par conséquent, se trouvent de nombreux villages, très-peuplés qui fourniront
les premiers contingents. Ces ouvriers ne sont certes
pas des mineurs, mais ils sont assez intelligents pour le
devenir rapidement, et cela d'autant plus aisément,
qu'on pourra commencer par une exploitation à ciel
ouvert.

OUVRIERS SPÉCIAUX

Quant aux ouvriers spéciaux, on n'en trouvera pas
un de formé; mais tous ces paysans de Ratcha sont
excellents charpentiers et on en pourra immédiatement tirer parti à ce titre. Les forgerons seront
absolument à former, ainsi que tous les ouvriers
d'art.

SALAIRES ACTUELS

Les salaires actuels de ces différents ouvriers sont
les suivants :

Ouvrier terrassier pour chemin de fer et route.	1 fr. 75
Ouvrier bûcheron soigneux.	2 fr. 10
Ouvriers divers { en hiver.	1 fr. 20 à 1 fr. 40
{ en été.	1 fr. 75 à 2 fr. 45
Salaires maxima au moment de la moisson.	2 fr. 25 à 2 fr. 45

Tous ces salaires sont les salaires qu'on paye alors

qu'on emploie un ouvrier temporairement ; mais dès qu'on l'emploie régulièrement, on le paye au mois et à un taux bien moindre.

Ainsi les ouvriers de la voie, au chemin de fer de Poti à Tiflis, sont payés au mois à raison de 1 fr. 29 par jour.

En moyenne, j'estime que les salaires ne ressortiront pas à plus de 2 fr. 25, y compris la hausse que déterminera nécessairement l'implantation de l'industrie dans ce pays qui en est, jusqu'à présent, totalement dénué.

MOYEN DE RETENIR LES OUVRIERS

Pour retenir les ouvriers, il suffira d'abord, de leur assurer un travail régulier, et si on veut les loger, ce qui offrira plus d'un avantage, on n'aura qu'à construire pour eux de grandes baraques qui, bien facilement, seront rendues plus confortables que leurs habitations actuelles.

Une chose à faire presque nécessairement, si l'on veut obtenir de ces ouvriers une quantité de travail importante, sera de les nourrir, afin de les amener à un régime plus substantiel que leur régime végétal actuel. Cela encore pourra se faire très-économiquement si l'on sait organiser les choses ; pareille dépense se retrouvera d'ailleurs amplement sous forme d'accroissement de production par homme.

SALUBRITÉ DE TKHIBOULI

Un point important à noter, au sujet de la question ouvrière, c'est que toute cette haute vallée de la Tkhiboula est une des régions les plus saines de la Géorgie ; on n'aura à craindre aucune fièvre. C'est là un avantage immense qui, jusqu'à présent, a manqué aux diverses industries ayant tenté de s'établir dans les pays lointains.

AMÉNAGEMENT DU GITE

La manière dont le gîte se présente — par un affleurement puissant se montrant à quarante et quelques mètres au-dessus du fond des vallées, et le plus généralement recouvert d'une faible épaisseur de terres — indique clairement qu'il faudra d'abord enlever par une exploitation à ciel ouvert tout ce qui se trouve au-dessus du niveau moyen des vallées, puis ensuite exploiter par puits ou plans inclinés. menés suivant la couche tout ce qui se trouvera au-dessous de ce niveau.

L'aménagement nécessaire pour la mise en exploitation de la première partie, se bornera à la mise à nu de l'affleurement sur toute l'étendue comprise dans le domaine de la Société et à l'installation d'une gare d'expédition au point le mieux choisi pour concerter économiquement les produits des dif-

férents chantiers établis sur la ligne d'affleurement.
Cette place devra être choisie évidemment en aval
de l'affleurement et de manière à pouvoir servir
encore lorsque l'on exploitera en profondeur, à proxi-
mité, par conséquent, du point où débouchera le
puits ou le plan incliné.

J'estime d'ailleurs qu'il sera sage de commencer le
puits ou la galerie inclinée et de préparer tous les
travaux intérieurs de la seconde partie pendant
qu'on exploitera la partie supérieure, afin de s'assurer une production régulière et continûment
croissante.

FRAIS D'AMÉNAGEMENT

Les travaux d'aménagement de la première partie
— qui se borneront à des travaux de terrassement
faits en différents endroits — ne coûteront assurément pas plus de 100,000 francs, et quant aux
travaux destinés à préparer la seconde période de
l'exploitation, il conviendra de les creuser dès l'a-
bord à une cinquantaine de mètres de profondeur,
de manière à préparer simultanément deux étages et
à reconnaître le terrain pour un troisième.

La disposition à donner à ces travaux devra être
quelque chose comme ce qu'indique le croquis ci-
dessous sur lequel j'ai mis les cotes permettant d'é-
tablir le devis des travaux à faire.

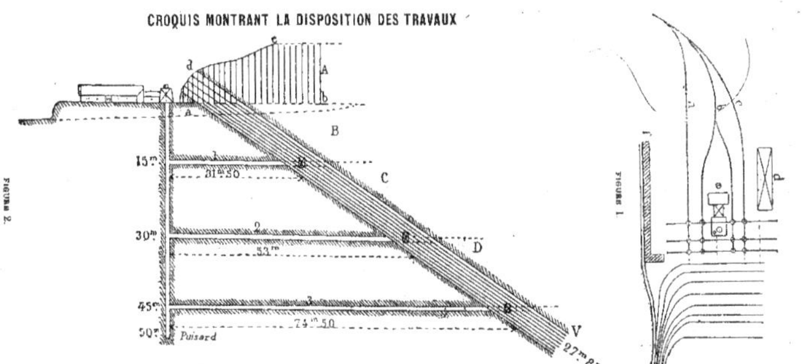

(Figure 1.) a. b. c. — Voies sur lesquelles se concentrera toute la production. — o Gare centrale d'expédition. — e Puits d'extraction. — d Magasin et ateliers.

(Figure 2.) A (a. b. c. d.). — Partie à enlever à ciel ouvert. B 1er niveau d'exploitation : 300 mètres de galerie en direction à faire de chaque côté. C. 2me niveau : 300 mètres de galerie de chaque côté. D 3me niveau.

Ordre à suivre dans les travaux : préparer A sur toute l'étendue de la ligne d'affleurement. Foncer les puits et faire les galeries à travers bancs 1, 2 et 3; exploiter A; préparer B, C et D.

Il faudra encore compter pour cette partie des travaux d'aménagement une somme de 100,000 fr. composée comme suit :

2 puits de 50 mètres à 300 fr. le mètre.	30,000
2 chambres d'envoyage à 3,000 fr.	6,000
200 mètres de galerie au rocher à 100 fr.	20,000
600 mètres de galerie au charbon à 25 fr.	15,000
Aménagements et installations au jour.	29,000
Total.	100,000

C'est donc une somme de 200,000 francs qu'il faudra immobiliser, les deux premières années, sous forme de travaux d'aménagement.

Ces travaux une fois faits, la production de la mine ne dépendra que du nombre d'ouvriers qu'on voudra y mettre, chaque homme pouvant donner environ *une tonne* de charbon par jour.

CRÉATION DE L'OUTILLAGE

L'outillage nécessaire à l'exploitation, entendu dans son sens le plus large, comprendra : 1° les constructions à faire pour loger le personnel; 2° les ateliers destinés à l'entretien du matériel qui, construit en Europe, devra être entretenu sur place, et dont toutes les parties en bois au moins devront être ultérieurement exécutées à la mine; ils comprendront donc nécessairement une charpenterie et une scierie très-développées; 3° le matériel qui se compose des

outils de terrassiers et de mineurs, du matériel de
transport intérieur et de tout ce qu'exige une exploitation houillère en engins et objets de toutes sortes ;
4° enfin le matériel de transport nécessaire pour
porter les produits extraits au chemin de fer de Poti
à Tiflis, qui, lui, les répandra dans le commerce.

LOGEMENT DU PERSONNEL

Les constructions à faire pour loger le personnel
se composent de :

Une maison pour le chef des travaux.	20,000
— — — les deux conducteurs.	25,000
— — — les autres employés.	25,000
Des bureaux.	10,000
Quatre maisons d'ouvriers français (2,500 fr.).	10,000
Caserne pour le logement des ouvriers.	25,000
Total.	115,000

ATELIERS ET MAGASINS

Les ateliers et magasins exigeront une somme
d'environ 135,000 francs dans laquelle les constructions seules n'entreront pas pour plus de 35,000 francs,
les 100,000 francs restants n'étant que le minimum nécessaire pour créer à Tkhibouli des ateliers et
un magasin suffisamment montés pour mettre en
train l'affaire.

3

MATÉRIEL D'EXPLOITATION

Le matériel — et je parle toujours du matériel nécessaire pour amener l'affaire à être en exploitation
régulière, — exigera une somme d'environ 250,000 fr.
dont voici le détail :

Séries d'outils pour 1,000 ouvriers à 52 fr.	52,000
200 wagonnets de mines, pouvant circuler sur les trente kilomètres de chemin de fer à construire de Tkhibouli à Coutaïs, à 450 fr.	90,000
1,000 mètres de chemin de fer de mine à 10 fr.	10,000
1,000 mètres de chemin de fer de garage à jour à 40 francs.	40,000
Lampes, harnais, petit matériel courant.	10,000
Machines et engins divers.	48,000
Total.	250,000

CHEMIN DE FER DE TKHIBOULI A LA GRANDE LIGNE

Les moyens de transport ne peuvent être que *le
chemin de fer de l'intérieur prolongé jusqu'au chemin de fer de Poti à Tiflis*, la seule voie de transport
existant dans ce pays. En adoptant pour voie la voie
même de l'intérieur (une voie de 0 m. 80 de largeur)
avec des rails plus forts (17 à 16 k.), on a le double
avantage d'avoir d'abord la voie la plus économique
qu'on puisse établir tout en y faisant circuler des
locomotives, puis de réduire au minimum les transbordements, puisque le charbon va directement *dans
les mêmes wagonnets* du chantier d'abattage au chemin de fer à grande section.

Ce chemin de fer, qui devra passer par Coutaïs —

parce qu'au point de vue de l'affaire il est indispensable d'être relié au chef-lieu du gouvernement et à la ville la plus importante, et que, pour d'autres raisons encore que fera valoir M. de Noaillat — spécialement chargé de l'étude du chemin de fer — ce tracé est préférable, — ce chemin de fer aura environ 38 kilomètres et coûtera près de 2,600,000 francs, dont voici le détail :

38 kilomètres de voie simple et travaux de terrassement.	2,000,000
6 locomotives à 20,000 francs.	120,000
Accessoires divers, signaux, aiguilles.	45,000
Garage et doublement de voie.	75,000
Halle de criblage et de chargement.	75.000
Imprévus divers.	50,000
Achats de terrains (1)	Pour Mémoire
300 wagonnets à 450 francs.	135,000
Total.	2,500,000

Ainsi donc, pour amener le gîte à être exploitable, — pour le mettre en état de produire — il faudra faire les dépenses suivantes :

1° *Frais de direction :*

Deux années de traitement.	400,000

2° *Aménagement du gîte :*

Préparation des travaux à ciel ouvert.	100,000
— de l'exploitation intérieure.	100,000

3° *Création de l'outillage :*

Logement du personnel.	115,000
Ateliers et magasins.	135,000
Matériel d'exploitation.	250.000
Chemin de fer.	2,600,000
Total général	5,700,000

(1) Il sera facile d'obtenir des paysans propriétaires du sol, le droit de passage sur leur terrain sans autre compensation que quelques facilités pour le transport de leurs produits.

PRIX DE REVIENT PROBABLE

Le détail du prix de revient va montrer l'influence de chaque élément sur le prix de revient total, et en faisant varier ces éléments d'après les renseignements recueillis sur place de manière à fixer, autant que faire se peut, leur valeur à Tkhibouli, on aura un prix de revient approximatif qui représentera très-sensiblement le prix de revient définitif.

Partant donc du prix de revient obtenu au puits Dyèvre à Montrambert près Saint-Étienne, j'établirai comme suit le prix de revient de Tkhibouli dont je donne le détail, élément par élément en face des chiffres relevés à Montrambert pour ces mêmes éléments.

DÉTAIL DU PRIX DE REVIENT A LA TONNE
ÉLÉMENT PAR ÉLÉMENT

Subdivision du prix de revient	Puits Dyévre		Mines de Tkhibouli	
	main-d'œuvre	fourniture	main-d'œuvre	fournitures
Intérieur :				
Surveillance.	0,173	»	0,18	»
Abatage.	1,084	0,073	1,32	0,100
Boisage.	0,558	1,389	0. 45	0,700
Remblayage.	0,594	0,007	0,30	0,010
Roulage.	0,884	0,266	0,40	0,150
Manœuvres.	»	»	»	»
Divers.	0,363	0,015	0,25	0,200
TOTAL DE L'INTÉRIEUR.	3,656	1,750	2,90	1,160
Extérieur :				
Surveillance.	»	»	0,05	»
Machinistes.	0,056	0,117	0,10	0,14
Receveurs.	0,068	0,046 cables d'ext.	0,05	0,05
Manœuvres aux remblais.	0,033	»	0,03	»
Triage.	0,105	»	»	0,05
Divers.	0,135	»	0,07	»
TOTAL DE L'EXTÉRIEUR.	0,397	0,163	0,30	0,24
Entretien :				
Forgerons.	0,070	»	0,05	0,06
Charpentiers pour wagonnets principalement.	0,044	0,120	0,06	0,18
Divers.	»	0,269	0,05	0,10
TOTAL DE L'ENTRETIEN DU MATÉRIEL.	0,114	0,389	0,16	0,34
TOTAL DE L'EXPLOITATION PROPR. DITE	4,167	2,302	3,360	1,740
Dépenses générales :				
Epuisement.	»	0,132	»	0,15
Aérage.	»	»	»	0,10
Roulage extérieur.	»	0,167	»	0,15
Travaux extraordinaires.	»	0,355	»	0,20
Redevances.	»	0,835	»	0,15
Traitement des employés.	»	0,170	»	0.30
TOTAL DES DÉPENSES GÉNÉRALES.	»	1,669	»	1,05
Frais généraux d'administration et autres.		1,558		2,45
TOTAL.	4,167	5,529	3,360	5,24
PRIX DE REVIENT TOTAL PAR TONNE	9,696		8,600	

ANALYSE DU PRIX DE REVIENT

Les différents chiffres que j'ai adoptés pour les mines de Tkhibouli se déduisent de ceux du puits Dyèvre par les considérations suivantes qui, selon moi, les justifient complétement :

MAIN-D'ŒUVRE

Le taux moyen de la main-d'œuvre étant de 1 fr. 50 à Tkhibouli et la main-d'œuvre la plus soignée ne dépassant pas 2 fr. 25, — tandis qu'à Saint-Étienne elle est en moyenne de 3 fr. 87, — il semblerait à première vue que la dépense en main-d'œuvre par tonne devrait être réduite presque dans le rapport de 3 fr. 87 : 2 fr. 25, c'est-à-dire qu'au lieu de 4.16 on devrait avoir 2.43. Je mets 3.50 parce que si les salaires sont beaucoup moindres, la production par homme sera réduite presque en proportion et qu'une partie de l'économie réalisée sera absorbée par les salaires plus élevés qu'il faudra donner aux petits chefs et à quelques ouvriers spéciaux qu'on devra faire venir d'Europe, tels que machinistes, forgerons et lampistes.

FOURNITURES

Pour les fournitures et consommations courantes je prévois une augmentation pour tous les articles, sauf deux, qui, il est vrai, sont assez importants pour produire sur l'ensemble une diminution. Ces deux éléments sont :

Les chevaux, qu'on aura à bon marché dans le pays, et qu'on nourrira à meilleur marché encore ;

Les bois, qu'on aura à profusion autour de la mine même, au prix de revient. Aussi ai-je réduit de près de moitié cet article.

REDEVANCES

Pour les *redevances* qui pèsent si lourdement sur les houillères de Saint-Étienne, je les ai réduites à 0 fr. 15, espérant qu'après les dix années d'immunité accordées par la loi russe aux mines qui commencent, on obtiendrait un régime très-doux correspondant au régime français des mines autres que celles de la Loire, régime qui n'impose qu'une charge très-inférieure à 0 fr. 10 par tonne. Le directeur du département des mines de Tiflis nous a dit que la loi actuelle allait être modifiée et qu'on devrait, lors de la constitution de l'affaire, traiter de gré à gré avec l'administration qui serait très-libérale pour le Caucase en particulier.

Ainsi donc c'est un charbon qui au maximum, car je crois avoir fait les évaluations les plus sévères, coûtera à produire environ 8 à 9 francs la tonne. Ce prix est le prix de revient sur le carreau de la mine, tous frais payés, en trains prêts à partir pour telle destination qu'on voudra.

Je pense *qu'avec une direction intelligente et soigneuse on arriverait à réduire de près de deux francs ces frais de production*, mais je ne crois pas prudent de les évaluer à moins de 8 à 9 francs dans l'étude générale de l'affaire.

CONDITIONS COMMERCIALES DE L'AFFAIRE

Débouchés ouverts. — Importance de chacun d'eux. — Moyens de les atteindre. — Frais de transport. — Prix de revient définitif sur les lieux de consommation.

—

DÉBOUCHÉS OUVERTS

Ce charbon — produit sur le carreau de la mine au prix de 8 à 9 francs la tonne — ne trouvera au voisinage de la mine aucun consommateur. Les seuls consommateurs sont aujourd'hui :

Le chemin de fer de Poti à Tiflis ;

Et les bateaux à vapeur de la mer Noire.

En dehors de ces consommateurs actuellement existants, on doit signaler comme débouchés possibles à des houilles produites à bon marché dans ce pays où l'on ne connaît aujourd'hui que des charbons à 70 francs, les villes de Coutaïs, de Poti, de Gori et de Tiflis, avec les industries qu'y ferait naître le combustible, la majeure partie des gouvernements de Tiflis et d'Elisabethpol, où le bois n'existe pas, et le chemin de fer de Tiflis à Bakou (à la mer Caspienne) dont la construction est décidée par le gouvernement russe. Nous ne pouvons donner aucun chiffre permettant de caractériser l'importance de ces débouchés, mais le bas prix auquel on pourrait livrer la houille sur tout le parcours du chemin de fer ne peut manquer d'en créer de très-nombreux.

Revenons à l'importance des débouchés que nous pouvons chiffrer.

Le chemin de fer de Poti à Tiflis — qui est le consommateur le plus rapproché — s'alimente aujourd'hui exclusivement de bois. Sa consommation est d'après M. Lowal, membre du comité, résidant à Tiflis, de 20 kilogrammes par train-verste. Or, comme par jour, il n'y a que 6 trains et que de Poti à Tiflis la distance est de 289 verstes, la consommation journalière du chemin de fer ne représente que 35,680 kil., soit par an 12,680 tonnes. Mais l'on sait que le bois n'a qu'un pouvoir calorifique moitié moindre que la houille la plus ordinaire, cela ne représente donc en charbon de terre qu'une consommation annuelle de 6,329 tonnes.

PRIX D'ACHAT PAR LE CHEMIN DE FER.

Quant au prix auquel le chemin de fer pourrait acheter, il peut se calculer aisément en partant de cette donnée que, aujourd'hui, il achète le bois débité en bûches de 0 m. 72, à raison de 14 roubles la sagène cube, c'est-a-dire 10 fr. 14 la tonne. La houille vaudrait donc sur le chemin de fer, au cours actuel des bois, dont le prix ne cesse de croître depuis quelques années, au moins 20 fr. 28 c. la tonne, puisqu'au point de vue de la vapeur à produire 1 de houille représente 2 de bois.

BATEAUX A VAPEUR DE LA MER NOIRE

Les bateaux à vapeur de la Mer Noire, au contraire, représentent des consommateurs très-importants, c'est donc là le véritable débouché à ouvrir aux charbons de Tkhibouli.

CONSOMMATION DE LA MER NOIRE

Le charbon consommé dans la Mer Noire l'est presque exclusivement par la marine à vapeur. En effet, sur son littoral, il n'y a encore en fait de consommateurs de charbon, que :

L'usine à gaz d'Odessa ;

Le chemin de fer d'Odessa à Kiew et à la frontière autrichienne ;

Les moulins à blé à vapeur, d'Odessa et de Sébastopol ;

Les chemins de fer de Kustendje et de Varna au Danube ;

Deux usines à gaz de Constantinople ;

4 usines métallurgiques (fonderie, etc.), à Odessa et Constantinople ;

Les chemins de fer de Constantinople à Andrinople et à Iskmid ;

Le chemin de fer, en partie ouvert déjà, de Sébastopol à Poltawa.

Ces différentes consommations industrielles ne représentent pas, totalisées, 175,000 tonnes ; il n'y a donc, à bien dire, comme débouché pour une affaire de mine que la marine à vapeur qui, elle, consomme plus de 500,0000 tonnes par an.

DÉTAIL DE LA CONSOMMATION DE CHARBON AUX DIFFÉRENTS PORTS

La consommation annuelle de la Mer Noire peut s'établir comme suit, d'après les renseignements que nous avons recueillis aux différents points où les bateaux à vapeur font escale :

A Odessa : 201,762 tonnes — chiffres relevés sur les états de douane. De ce chiffre 20,000 à peine viennent de Rostoff, tout le reste est anglais de Cardiff, Newcastle ou Liverpool.

140,000 tonnes environ sont consommées par la *Compagnie russe de navigation et de commerce*, qui seule a un dépôt de charbon à Odessa ;

20,000 tonnes environ sont importées en Russie pour bateaux à vapeur, etc.

40,000 tonnes sont consommées à Odessa par les moulins à vapeur.

A Batoum : 8,000 tonnes par an, pour l'entretien du dépôt de la Compagnie russe ; jusqu'à présent ce dépôt a été alimenté de charbon anglais, mais à partir de cette année on l'alimentera en charbon de Rostoff.

A Trébizonde : 4,000 tonnes par an, pour l'entretien des dépôts du Lloyd autrichien — très-puissante Compagnie de navigation à vapeur — et de l'Azizié — petite Compagnie de navigation turque.

A Constantinople : 300,000 environ, dont :

48,000 tonnes de charbon de Cardiff pour le Lloyd autrichien ;

24,000 tonnes de charbon anglais pour la Khédivé, Compagnie de navigation égyptienne ;

20,000 tonnes de charbon français (gros et agglomérés) et de charbon anglais pour les messageries maritimes françaises ;

20,000 tonnes de charbon anglais et de Bender-Eregli, pour le Tckirket-y-Haïré, Compagnie des mouches à vapeur du Bosphore ;

12,000 tonnes de charbon de Cardiff et de Rostoff pour la Compagnie russe de navigation ;

30,000 tonnes de charbon de Bender-Eregli pour l'Azizié ;

20,000 tonnes pour l'arsenal — charbon anglais et d'Eregli ;

40,000 tonnes de charbons divers pour les remorqueurs du Bosphore.

Etc., etc... pour les usines à gaz, les autres industries de Constantinople et les chemins de fer.

RÉSUMÉ DE LA CONSOMMATION

En résumé, la consommation actuelle de la Mer Noire se chiffre comme suit :

	tonnes		charbon anglais
A Constantinople.	350,000	dont	300,000
A Odessa.	201.762	—	180,000
A Batoum.	8,000	—	8,000
A Trébizonde.	4,000	—	2,000
Autres ports, Galatz entre autres.	31,238	—	30,000
soit	600,000	dont	520,000

tonnes viennent d'Angleterre.

PROVENANCES DE CES CHARBONS

Les autres charbons viennent :

50,000 environ des *houillères de Bender-Eregli ou d'Héraclée* — bassin houiller important, mais mal exploité, qui se trouve à 100 milles de Constantinople sur la côte d'Anatolie, au bord même de la Mer.

30,000 tonnes environ de *houillères* situées dans les vallées *du Don et du Donetz*, gouvernement d'Ekatérinoslaw. Ces charbons, connus sous le nom de charbons de Rostoff, viennent des mines situées à

120 et 200 verstes de Rostoff, dans l'intérieur de la Russie méridionale.

TENDANCE A LA CONCENTRATION DE LA CONSOMMATION A ODESSA ET CONSTANTINOPLE

Plus on va, plus cette consommation se concentre à Odessa et à Constantinople, les deux seules villes avec Galatz, où il y ait une consommation locale, les deux ports où les Compagnies de navigation concentrent aujourd'hui leurs entrepôts de charbon, les bateaux à vapeur étant construits pour porter leur approvisionnement d'aller et de retour. Les dépôts qu'on trouve à Bathoum pour la Compagnie russe et à Trébizonde pour le Lloyd et l'Azizié ne sont que des réserves en cas d'accidents imprévus.

DEUX MARCHÉS DE CHARBON DANS LA MER NOIRE

Ainsi donc dans la Mer Noire, il n'y a actuellement à bien dire que deux marchés de charbons :

Constantinople qui absorbe 350,000 tonnes par an.

Et Odessa qui prend annuellement plus de 200,000 tonnes.

Un troisième point semble devoir prendre une certaine importance, c'est *Galatz*. Mais sa situation, déjà fort avancée dans les terres, rendra presque nécessairement ce port tributaire des bassins carbonifères d'Autriche et en particulier de celui *de Basiasch-Steyerdorf* — lorsque la Valachie sera reliée par chemin de fer au sud de l'Autriche.

La création à Poti d'un grand port militaire et marchand, ainsi que l'achèvement du chemin de fer de la mer Caspienne, peuvent faire du fond de la Mer Noire un troisième marché fort important.

PRIX DES CHARBONS DANS LA MER NOIRE

Les prix auxquels arrivent les charbons dans la Mer Noire sont des plus variables, et il serait fort difficile de donner un prix unique représentant la vérité. Tout ce que je peux faire pour fixer ce prix, c'est de donner le tableau, port par port, et charbon par charbon, des prix qui m'ont été indiqués par les personnes que j'ai consultées. Ces personnes sont ou des courtiers en charbon ou des agents de compagnies maritimes.

TABLEAU DU PRIX DES CHARBONS DANS LA MER NOIRE

Nature des charbons	Ports considérés	Prix à la tonne	Auteurs	Situation des auteurs
Cardiff.	Odessa	47,50 à 48,75 sous vergues	Müntz	Courtier en charbon.
		52,50 sous vergues	Sufficieh	C. c.
		52,50 sous vergues	J. Goldstein	C. c.
	Kertch	52,00 débarqué	Négociant	en charbon de Kertch.
	Poti	58,50 débarqué	Lazarowitch	Agent de la Comp. russe.
		60,00 (id.) .	Lowal	Administrateur du chemin de fer.
	Bathoum	59,54 (id.)	Rosmordue	(id.)
		65,00 sous vergues	Judici	Agent de la Comp. russe.
	Constanti-nople	48,75 sous vergues		
			Agent géné-ral	du Lloyd autrichien.
		50,00 à 55,00 (id.)	Frugoli	Agent des message-ries fran-çaises.
	Galatz	48,75 débarqué	Barré	Directeur des mines de Steyerdorf.
Newcastle.	Odessa	47,50 à 48,75 sous vergues	Müntz	C. c.
		50,00 débarqué	Sufficieh	C. c.
		50,00 sous vergues	Goldstein	C. c.
Glascow.	Odessa	42,50 à 43,50 sous vergues	Müntz	C. c.
		46,25 sous vergues	Sufficieh	C. c.
		45,00 sous vergues	Goldstein	C. c.
Liverpool.	Odessa	52,50 sous vergues	Goldstein	C. c.
Rostof	Odessa	39,00 à 43,40 débarqué	Müntz	C. c.
Rostof mai-gre	Odessa	32,50 sous vergues	Agent géné-ral	desapprov. de la Comp. russe.
	Kertch	40,15 débarqué	Négociant	en charbon de Kertch.
	Rostof	27,10 embarqué	(id).	id.
	à la mine	10,43 en wagon	Agent géné-ral	de la com-pagnie russe.
	Poti	65,10 débarqué	Lazarowitch	id.
	Mer Noire	46,00 en moyenne	Lowall	id.
	Bathoum	52,00 sous vergues	Judici	id.
	Constanti-nople	52,50 débarqué	Stoger	Agent de la Comp. russe.
		40,00 sous vergues	Agent du	Lloyd.
	Constanti-nople	40,00 sous vergues	Agents des messageries	etduLloyd.
Héraclée		38,00 sous vergues	pour de gros marchés	Mêmes auteurs.

MOYENS D'ATTEINDRE LES DÉBOUCHÉS

Les moyens pour les charbons de Tkhibouli d'atteindre ces différents débouchés sont :

1° *Le chemin de fer* à construire *de Tkhibouli à Coutaïs*, chemin de fer qui aura, comme nous l'avons vu, une longueur de 38 kilomètres. C'est donc à Coutaïs qu'on livrera les charbons destinés à la consommation du chemin de fer;

2° *Le chemin de fer de Coutaïs à Poti*. Poti serait le port d'embarquement nécessaire.

3° *Les bateaux* qui, dans la mer Noire, sont toujours en quête de nolis, ou peut-être une flotte spéciale à créer, lorsque l'affaire se serait fait une clientèle importante, et qui de Poti transporterait le charbon à Odessa et à Constantinople.

Actuellement Poti étant un port où ne peuvent entrer les navires calant plus de 4 pieds d'eau, il y aurait des difficultés d'embarquement telles que les frais de transbordement seraient assez élevés. Mais le gouvernement russe vient de décider la création d'un grand port à Poti, dont les travaux viennent d'être adjugés à M. de Folkenhagen, et le baron de Nicolaï, gouverneur civil du Caucase, nous a dit que dans trois ans le port doit être ouvert au commerce.

FRAIS DE TRANSPORT

Etablissons maintenant ce que coûtera le transport des charbons à ces quatre points où devront nécessairement être établis des entrepôts.

TKHIBOULI A COUTAIS

Pour calculer les frais de transport sur le chemin de fer à construire, voilà les bases que je prendrai : le chemin de fer ne devant avoir à transporter que le charbon de la houillère doit lui appliquer un tarif qui le paye de tous ses frais. Or, ces frais sont :

1° L'intérêt du capital engagé . . . 150.000 fr.

2° Les frais d'entretien et d'exploitation. 120.000 fr.

c'est-à-dire que les frais de transport à la tonne seront par kilomètre de 0 fr. 14.

Admettons une moyenne de 0 fr. 14 par tonne et kilomètre, moyenne dans laquelle l'intérêt du capital entre pour plus de moitié.

Les frais de transport de Tkhibouli à Coutaïs seront donc de 2 fr. 66 ou de 5 fr. 32 suivant que l'on mettra ou non à la charge du chemin de fer l'intérêt du capital engagé.

J'admettrai 2 fr. 66, mettant de côté la question du capital engagé.

TRANSBORDEMENT A COUTAÏS

Le charbon rendu à la station de jonction des deux lignes devra être transbordé. Ce transbordement, en vue duquel on fera à la station même les installations les plus convenables, ne coûtera assurément pas plus de 0 fr. 20 par tonne.

PRIX DE REVIENT A COUTAIS

En résumé, on voit que la tonne de charbon rendue à Coutaïs, mise en wagon dans les grands wagons du chemin de fer de Poti à Tiflis ou dans les voitures des acheteurs à Coutaïs reviendra aux environs de onze francs.

COUTAIS A POTI

De Coutaïs à Poti il y a 89 verstes. Sur cette distance le tarif légal que la compagnie serait en droit d'appliquer est de 1/24 de kopeck par poud-verste, c'est-à-dire 0 fr. 0905 par tonne verste. Mais il est certain que pour des transports aussi importants et aussi réguliers que ceux d'une houillère, on obtiendrait une réduction analogue à celle que fait la compagnie pour le transport des bois. A ces transports elle applique un tarif de 1/49 de kopeck par poud-verste, 0 fr. 0442 par tonne-verste. C'est ce tarif que j'admettrai.

Dans ces conditions les frais de transport de Coutaïs à Poti monteront à 4 fr. 20 — à 7 fr. 06 par conséquent de Tkhibouli à Poti.

PRIX DE REVIENT A POTI

C'est-à-dire que, dans l'entrepôt de Poti, les charbons de Tkhibouli vaudront aux environs de 15 à 16 francs la tonne (y compris le déchargement environ 0 fr. 20).

POTI A CONSTANTINOPLE

A Poti, tant que le port ne sera pas fait, la mise en bateaux se fera au moyen de petits bateaux qui vont à 4 ou 5 verstes au large et qui porteront leurs chargements aux grands bateaux, obligés par leurs dimensions de rester à cette distance de la côte.

TRANSBORDEMENT A POTI

Mais quand le port sera construit — le seul cas qu'il faille considérer pour établir un prix de revient normal — le transbordement ne coûtera pas plus de 0 fr. 25 par tonne, parce qu'on pourra disposer les choses de manière à verser directement les wagons dans les bateaux accostés bord à quai.

FRET DE POTI A CONSTANTINOPLE

De Poti à Constantinople, le fret actuel, qui est fort rare et s'applique à des navires de faible tonnage, varie de 10 à 12 francs, mais il paraît certain, d'après ce qui nous a été dit à Constantinople, que pour des transports réguliers et importants, on trouverait à traiter avec des armateurs à des conditions beaucoup plus avantageuses. J'adopterai toutefois le prix de 9 francs comme le plus probable.

DÉBARQUEMENT A CONSTANTINOPLE

Le débarquement des charbons à Constantinople, en installant les appareils nécessaires, coûtera aux environs de 2 fr. A Odessa, cela coûte 2 fr. 60, avec des installations encore médiocres. J'admettrai donc 2 fr.

PRIX DE REVIENT A CONSTANTINOPLE

Dans ces conditions, on voit donc que le charbon de Tkhibouli, rendu dans l'entrepôt qu'on devra créer à Constantinople, reviendrait à environ 26 fr. 25, soit en nombre rond, à 27 fr. la tonne.

ODESSA A POTI

Pour Odessa, j'admettrai que les frais d'embarquement et de débarquement seront les mêmes que pour Constantinople, c'est-à-dire qu'ils seront de 2 fr. 25 par tonne.

FRET DE POTI A ODESSA

Le fret de Poti à Odessa sera plus élevé parce que d'Odessa à Poti il n'y a presque aucun retour. J'admettrai comme à Constantinople que, pour des quantités importantes, on obtiendra une certaine réduction du fret actuel, mais il ne me paraît pas prudent d'admettre un prix inférieur à 12 fr. par tonne.

PRIX DE REVIENT A ODESSA

On voit donc que les frais d'embarquement, de transport et de débarquement de Poti à Odessa s'élèveraient à 14 fr. 25, c'est-à-dire que le prix de revient définitif du charbon de Tkhibouli à Odessa serait de 29 fr. 25.

PRIX DE REVIENT DÉFINITIF SUR LES LIEUX DE CONSOMMATION

En résumé donc, ce charbon qui, sur le carreau de la mine, revient de 8 à 9 fr. la tonne, reviendrait à :

11 fr., à la station la plus voisine du chemin de fer de Poti à Tiflis, à Coutaïs.

15 à 16 fr., — à Poti, — le port le plus voisin de la Mer Noire, le seul directement accessible.

27 fr., à Constantinople, — le plus grand marché de charbon de la Mer Noire, — celui sur lequel on peut espérer de prendre une part importante.

30 fr., à Odessa, — le second marché de charbon de la Mer Noire.

TABLEAU RÉSUMÉ

Pour bien montrer dans leur ensemble les conditions commerciales de toute l'affaire, je résumerai comme suit, sous forme de tableau, les éléments principaux du prix de revient sur les différents marchés qui peuvent être ouverts au charbon de Tkhibouli.

TABLEAU RÉSUMÉ

DES PRIX DE REVIENT DE CHARBON DE TKHIBOULI

sur les différents marchés

ÉLÉMENTS DU PRIX DE REVIENT (à la tonne).	à la mine	à Coutaïs	à Poti	à Constantinople	à Odessa
Frais d'exploitation proprement dits.	5,10				
Dépenses générales, aérage, épuisement, etc.	1,05				
Frais généraux d'administration et autres.	2,45				
TOTAL DES FRAIS DE PRODUCTION.	8,60	8.60			
Frais de transport de Tkhibouli à Coutaïs.	»	2,80			
Transbordement à la gare de jonction.	»	0,20			
TOTAL DES FRAIS JUSQU'A COUTAÏS.	»	11,60	11,60		
Transport de Coutaïs à Poti.	»	»	4,20		
TOTAL DES FRAIS JUSQU'A POTI.	»	»	15,80	15,80	15,80
Embarquement à Poti.	»	»	»	0,25	0,25
Fret de Poti à	»	»	»	9,00	11,00
Débarquement à	»	»	»	2,00	2,00
PRIX DE REVIENT DÉFINITIF.	8,60	11,60	15,80	27,05	29,05

VALEUR COMMERCIALE DU CHARBON

DE TKHIBOULI

Analyse des échantillons rapportés. — Valeur du charbon au point de vue
de la Marine.

ÉCHANTILLONS RAPPORTÉS

Les échantillons rapportés étaient au nombre de
21, pris par moi-même dans les différents bancs de
la formation houillère. Tous ont été pris dans les
galeries creusées dans l'affleurement et y pénétrant
assez profondément pour que les prises d'échantillons aient pu être faites en pleine masse. Les échantillons représentent donc, aussi exactement que possible, le charbon tel qu'on le rencontrera dans les
travaux d'exploitation.

GROUPEMENT DES ÉCHANTILLONS

Comme les différents bancs dans lesquels ont été
pris ces échantillons ne peuvent être exploités isolé-

ment, et que ce qui importe le plus d'avoir, c'est l'analyse du charbon-marchand que livrera la houillière, j'ai réuni ces 21 échantillons en sept groupes, comprenant chacun les bancs qui nécessairement seront exploités simultanément, et dont les produits seront par conséquent inévitablement mêlés. Ces sept groupes correspondent précisément aux sept galeries ou entailles que j'ai fait creuser dans l'affleurement et que j'ai désignées sur la coupe de la page — par les lettres A. B. C. D. E. F. et G. Les échantillons de chaque groupe ont été mêlés, broyés ensemble, et c'est leur mélange qui a été analysé. Chaque analyse représente donc le charbon de tout un étage.

RÉSULTATS DES ANALYSES

Les résultats obtenus pour chaque étage sont consignés dans le tableau suivant, qui est la copie textuelle du procès-verbal des analyses envoyé par le bureau d'essai de l'Ecole des Mines (procès-verbal portant le n° 6146 que je joins au rapport).

	A	B	C	D	E	F	G
Matières volatiles.	42,0	37,4	40,0	46,4	41,7	45,3	44,0
Carbone fixe.	45,0	38,6	46,7	46,0	45,0	47,1	4 ,4
Cendres.	13,0	24,3	13,3	7,6	13,3	7.6	,6
Total.	100	100	100	100	100	100	100
Pouvoir calorifique.	65	56	66	72	6,	73	69

C'est donc une houille sèche à longue flamme, brûlant rapidement et facile à allumer.

PROPORTION DES CENDRES

Les cendres sont en proportions beaucoup plus élevées que dans les charbons anglais et belges, mais n'ont rien d'exagéré, et, s'il est possible, dans l'exploitation, de séparer tous les schistes, on pourra livrer des charbons suffisamment propres.

NATURE DES CENDRES

Leur proportion un peu élevée pourra passer d'autant plus facilement que la nature des cendres, — qualifiées par le bureau d'essai *d'argileuses et sableuses, à peine ferrugineuses*, — permet d'espérer *qu'elles ne formeront pas de mâchefer*, ce qui est capital, surtout pour les chaudières de bateaux à vapeur.

COKE

Le procès-verbal du bureau d'essai dit que le coke est aggloméré, mais léger et friable. Ce qui veut dire que le charbon colle, mais qu'il ne peut donner de

coke métallurgique, car la métallurgie exige impé-
rieusement comme qualités premières des cokes
qu'elle emploie la densité et la cohésion.

VALEUR AU POINT DE VUE DE LA MARINE A VAPEUR

Au point de vue des chaudières de bateaux, — les
seuls consommateurs importants de la Mer Noire,
c'est un charbon qui s'allumera rapidement et sera
par conséquent fort avantageux pour la mise en
pression. Un avantage qui n'est pas à dédaigner,
c'est qu'autant du moins qu'on peut en augurer d'a-
près la nature des cendres, il n'attaquera pas les
foyers de chaudières.

A. Pernolet.

Paris, juin 1874.

EXTRAIT DES REGISTRES DU BUREAU D'ESSAI

pour les substances minérales

Paris, le 9 septembre 1873.

Echantillons de combustibles remis par M. A. Pernolet et recueillis par lui à Tkhibouli sur le versant sud du Caucase (Russie d'Asie).

L'essai a porté sur sept échantillons formés chacun de plusieurs fragments.

Chaque échantillon représente un étage dans l'ordre descendant de A à G.

	A	B	C	D	E	F	G
Matières volatiles.	42,0	37,4	40,0	46,4	41,7	45,3	44,0
Carbone fixe. . . .	45,0	38,6	46,7	46,0	45,0	47,1	46,4
Cendres.	13,0	24,0	13,3	7,6	13,3	7,6	9,6
	100,0	100,0	100,0	100,0	100,0	100,0	100,0

Comparés à 100 parties Carbone pur, ils ont donné (par réduction de la litharge).

| Pouvoir calorifique. . . | | 65 | 56 | 66 | 72 | 65 | 73 | 69 |

Le coke est aggloméré mais léger et friable.

Les cendres sont argileuses et sableuses, à peine ferrugineuses.

L'ingénieur des Mines. directeur du bureau d'essai,

L. MOISSENET.

Paris Vaugirard. — Typographie N. Blanpain, 7, rue Jeanne.

PARIS-VAUGIRARD. — TYPOGRAPHIE N. BLANPAIN. 7, RUE JEANNE.